辣素型工业辣椒种植管理要点

刘曦 著

中国城市出版社

图书在版编目（CIP）数据

辣素型工业辣椒种植管理要点 / 刘曦著 . —— 北京：
中国城市出版社，2024.2（2025.1 重印）
ISBN 978-7-5074-3695-2

Ⅰ.①辣…　Ⅱ.①刘…　Ⅲ.①辣椒 – 蔬菜园艺　Ⅳ.
①S641.3

中国国家版本馆 CIP 数据核字（2024）第 058491 号

责任编辑：刘瑞霞　梁瀛元
责任校对：赵　力

辣素型工业辣椒种植管理要点

刘曦　著

*

中国城市出版社出版、发行（北京海淀三里河路9号）

各地新华书店、建筑书店经销

北京光大印艺文化发展有限公司制版

建工社（河北）印刷有限公司印刷

*

开本：787毫米×1092毫米　1/32　印张：3¼　字数：60千字
2024年3月第一版　　2025年1月第二次印刷
定价：**28.00元**
ISBN 978-7-5074-3695-2
（904702）

好的种苗根系发达，白色的吸收根多

到后期，整个垄内都分布着根系

正常情况下，辣椒二分杈

养分充足的情况下出现三分杈

大棚里不控旺的辣椒能长到 4 米以上

辣椒分枝角度很大，树形自然呈伞形

强大的花芽分化能力及挂果能力

根腐病

"早疫病"在苗期造成顶芽枯死

"早疫病"造成茎秆内变成褐色

炭疽病叶片初期表现

辣椒果实上的炭疽病晚期

叶面晚疫病

晚疫病后期的茎秆

花叶病毒病传播非常快

顶枯型病毒病会导致植株从顶向下落花、落果、落叶

施干肥造成的肥害

因施用除草剂造成的药害

上茬施用除草剂残留对辣椒造成的药害

蚜虫是对辣椒影响最大的害虫

种植穴太深

种植穴太深，且移栽深度太深

前　言

除了近年来在云南、贵州开始种植的以提取辣素为主的工业辣椒品种外，还有在新疆区域种植的已经形成规模的以提取色素为主的品种。为了不混淆两种加工型的辣椒，本书将云南、贵州区域以提取辣素为主的辣椒称为辣素型工业辣椒。

由于辣素型工业辣椒培育出来的时间还不长，在品种抗病性上有明显的短板。但由于市场价格较高，经济价值高，2021年以来，该品种逐步被市场接受，市场份额不断扩大，群众的种植积极性逐年提高。但由于其管理上具有特殊性，很多种植者采用常规的辣椒的管理方法，效果都不理想，很多投资者，甚至有多年种植烤烟或辣椒经验的都以失败告终。而在自媒体的宣传中，有很多与实际管理需要并不相符的内容。

鉴于此，笔者总结了近几年在种植过程中的经验和教训，编写本书，希望能够帮助从事辣素型工业辣椒种植或推广的人少走弯路，能够通过辣素型工业辣椒种植取得良好的经济效益。

由于农业生产没有标准的技术参数，种植过程中的影响因素又非常多，过程非常复杂，因此，本书中的建议未必能够对所有的基地完全适用。本书仅提供一个基础的概念及原则性的建议，对于种植辣素型工业辣椒具有一定的指导作用。具体种植实践中，还需要种植者根据实际情况摸索和调整。

目　录

辣椒的历史

辣椒原产于中南美洲热带丛林，墨西哥人9000年前就开始种植辣椒，16世纪的大航海时代后，辣椒才向世界的其他地区传播，所以辣椒也被称为海椒、番椒。我国于明朝末年开始有关于辣椒的记录，辣椒的种植历史仅400余年，起初是底层的人民因缺少食盐，用辣椒来下饭，后来才逐步被各个社会阶层所接受。由于辣椒具有健胃、祛湿、活血、改善心血管功能等功效，被认为是一种健康食品。目前，我国每年辣椒的种植面积已经超过1000万亩，在所有的蔬菜中种植面积最大。我国是辣椒的第一大生产及消费国。近几年，由于市场需求旺盛，我国辣椒的进口量逐年增加。

经过在不同地区种植，辣椒发生自然变异或经人工选育，目前已经有超过5万个辣椒品种。虽然品种众多，但总的来说，辣椒还是以提供辣味为主。

辣度

我们能够感觉到辣椒的辣，是因为其中含有辣椒素（capsaicin）、二氢辣椒素等20多种结构相似的成分。辣椒素的化学名称为：反式 -8- 甲基 -N- 香草基 -6- 壬烯酰胺，化学式为 $C_{18}H_{27}NO_3$。

这种物质能让哺乳动物产生灼烧感，也就是说，辣是一种痛觉，而不是味觉。在采摘、烘烤等过程中，一旦皮肤接触到辣椒，尤其是有伤口或腐烂的辣椒，能明显感觉到疼痛。在被辣椒灼烧伤害后，机体修复过程中会分泌出内啡肽，产生愉悦的感觉，因此吃辣椒会有"上瘾"的感觉。

辣度的表述方式主要有两种：

一种是"斯高维尔"（Scoville Units），指为使舌尖感觉不到辣味而加入糖水稀释的倍数，属于表观辣度。举例来说，将一滴辣的物质加入其质量10万倍的糖水后，舌尖感觉不到辣味了，则该物质辣度就是10万斯高维尔。

另一种是我们经常说的质量百分比的辣度，是指辣椒素所占的质量百分比，比如说一种辣椒辣度为5，就是指这个辣椒的干椒中有5%（质量比）的辣椒素（辣椒素和二氢辣椒素占所有辣味物质的90%），这就是真实辣度。

以上两种辣度的换算方式为：

1斯高维尔＝质量百分比 ×16万

辣椒品种

（一）世界上最辣的辣椒品种

世界上最有名的超辣的辣椒品种有：

（1）印度魔鬼椒是在印度东北部自然变异出来的品种，辣度达到100万斯高维尔。

（2）特立尼达蝎子布奇T是在种植过程中自然变异而形成的品种，辣度最高可超过200万斯高维尔。

（3）龙息辣椒是英国科学家培育出来的超级辣椒，平均辣度达到120万斯高维尔，最高辣度可达到248万斯高维尔。

（4）卡罗来纳死神是美国某公司培育出来的超级辣品种，平均辣度可达到150万斯高维尔，最高辣度可达到220万斯高维尔。

（5）目前最辣的辣椒是辣椒 X，平均辣度接近 270 万斯高维尔，与卡罗来纳死神是同一个公司培育出来的。

（二）国内常用于提升辣味的辣椒品种

（1）朝天椒是一类果形较小的辣椒，我国的朝天椒是从泰国引进的，经多年培育，目前已经有数百个品种，朝天椒辣度为 5 万～10 万斯高维尔。

（2）海南黄灯笼辣椒，这是自然演化出来的品种，辣度为 20 万～30 万斯高维尔。

（3）福建辣椒王，是福建的品种，辣度为 10 万～11 万斯高维尔。

（4）印度 S17，因其辣度高且具有香味，是我国进口量最大的品种，辣度一般为 10 万～15 万斯高维尔。

（5）涮涮辣是云南部分地区特有的超辣品种，自然变异形成，辣度可达 30 万～40 万斯高维尔。

（三）新品种辣椒

目前推广比较多的辣椒素含量较高的新品种主要有"航辣一号"和"湘涮辣三号"。

（1）航辣一号是经太空诱变育成的辣椒品种，属一代杂交种，辣度约 22 万斯高维尔。

（2）湖南湘研种业有限公司与湖南第一师范学院利用湖南的朝天椒和云南的涮涮辣培育出来的一代杂交种"湘涮辣三号"，是无限生长型品种，小羊角型。在气候适宜、管理得当的情况下，每亩产量可达 3 吨以上，辣度达 30 万斯高维尔，其抗病抗逆性更强，耐高温干旱，适合在南方地区早秋或早春种植。

由于现阶段高辣度辣椒市场逐年扩大，在市场导向下，新的品种在加速研发过程中，应该很快就会有更多超高辣度的辣椒新品种面世。

四

辣素型工业辣椒的简介

目前辣素型工业辣椒主要是"宏绿五号"，之前曾经广泛种植过宏绿系列的"宏绿一号""宏绿三号""宏绿七号"，都因为有各种缺陷而被淘汰了，目前受到广泛认可的是"宏绿五号"。宏绿系列是云南宏绿辣素有限公司培育出来的超辣品种。"宏绿五号"从 2017 年开始试种，因未及时进行新品种保护，目前"宏绿五号"种源"五花八门"，种植呈泛滥趋势。

其他公司推出的辣素型的工业辣椒，基本上都是依托云南宏绿辣素有限公司的材料培育出来的，综合表现上目前没有超过"宏绿五号"的。

"宏绿五号"是一个白转红的品种，其优势为辣度高、产量高。其平均辣度可以达到 80 万斯高维尔，最高可达100 万斯高维尔。

辣椒中辣椒素的含量是由辣椒自身控制辣椒素产生的基因片段的数量决定的，但受到种植条件的影响也会发生一定的波动，如适当的阳光比遮阴或强光更辣，氮肥施用过多辣度就降低，低温也会造成辣椒素合成受阻，使辣椒辣度下降，钾则有利于辣椒素的积累。空气湿度大，则会诱导辣椒合成更多的辣椒素，以抵御病菌。

由于辣素型工业辣椒为无限生长，如果管理科学，则亩产量可以达到 4 吨以上。目前，在超高辣度辣椒的品种中，只有"宏绿系列"实现了大规模的大田种植。

五

辣素型工业辣椒的主要用途

（一）食用

全球食辣人群接近 30 亿，中国超过 5 亿，而且还在不断增长，由此形成了一个非常庞大的辣味市场，辣味调味品占所有调味品的 30.88%。辣素型工业辣椒由于辣度高，在需要辣味的地方，能够明显节约成本。使用辣素型工业辣椒产品的有调味品行业、火锅底料行业、剁椒行业，甚至很多食品企业都直接购买辣素型工业辣椒产品作为食品添加剂使用，全国这类型的企业数量接近 20 万家。因此，目前大多数的辣素型工业辣椒最终都用在食用领域。

（二）军工

辣椒素可以用作军舰、潜艇和轮船等外壳油漆的添加剂（防污剂），通过产生趋避作用，使海洋中的藤壶等生物远离船体，既避免了藤壶等海洋生物附着在船体上，又不对海洋生物造成伤害。这方面的应用目前还处于实验阶段。民用船只上也还没有进入大规模工业化的实际应用，但这是一个有很大潜力的市场。

辣椒素还可用于制作烟雾弹、催泪弹，在国防、反恐、防暴上有较大的作用。但在和平年代，烟雾弹、催泪弹等消耗量不大，对辣椒素的需求量总体也较小。

（三）生物农药

辣椒素于1991年被认定为生物农药。由于含有酰胺基，又属于生物碱类，在杀虫和杀菌方面都具有广谱、高效的性能，且多次连续使用后，害虫和病菌都不会产生明显抗药性，具有作为生物农药的巨大潜力。

在农业实践中，有些种植者会用辣椒水进行防虫，害虫在接触到辣椒素后麻痹、瘫痪，无法活动和取食。如果害虫吃到了辣椒素，就会产生对解毒酶的抑制，影响害虫生理活动（呼吸、代谢、消化和吸收），最终导致害虫死亡。

在杀菌方面，除了对霉菌的效果稍差外，辣椒素对其他的真菌和细菌都有很明显的杀灭作用。

但由于该生物农药在喷施过程中，其辣味会对操作者造成很大的影响，因此至今没有农药厂家申请农药许可证并投入生产。随着无人机施药及纳米农药等先进技术的使用，辣椒素作为生物农药或许会被重新提上日程。随着大众对农产品品质要求的不断提高，辣椒素作为广谱性的生物农药有着光明的前途。

辣椒素还具有趋避作用，可添加到电缆、电线的外表保护层中，防止老鼠及其他害虫对电缆、电线造成损害。同样，辣椒素添加到家具的外漆中，也可有效地防治虫害和鼠害。

（四）医药

辣椒在传统的医药体系中就被用于治疗风湿性关节炎、骨关节炎、皮肤病等，在减肥产品中也有辣椒素，但总体用量相对较小。

根据最近的研究结果，辣椒素具有镇痛作用，可用于制作止痛剂，如果用到医药领域，可以替代吗啡，避免了患者上瘾的隐患，是一个非常有前途的方向。但用于医药，对产品的质量要求非常高，所需的时间和过程还很长。

六

辣素型工业辣椒的市场前景分析

　　由于辣素型工业辣椒目前主要作为食品添加剂使用，因此，辣素型工业辣椒的市场目前主要是食辣市场。中国的食辣市场是每年超过 700 亿元人民币的大市场，其中从印度进口的 S17 市场总额达近百亿元人民币，辣椒全球交易额已经超过 2873 亿元。由于辣素型工业辣椒辣度高、科学管理下的产量较高，因此在食辣市场有很强的竞争力，其市场潜力可超过 100 亿元。而 2023 年辣素型工业辣椒的总产值还不足 10 亿元。

辣素型工业辣椒的生物学特性

只有了解了辣素型工业辣椒的生物学特性，才能有的放矢地进行种植管理，取得理想的结果。

（一）不同阶段的生物学特性

1. 种子

辣素型工业辣椒的种子饱满度较差，一般每公斤种子约有 16 万颗，折算为千粒重为 6.25 克。种子大小与普通辣椒接近，但厚度较薄、胚乳少、外表微皱、部分边缘呈不规则波状起伏。每公斤的种子数量越多，则种子饱满度越差，瘪种子越多，育苗时出苗率越低，出苗时间越不整齐。

辣素型工业辣椒的种子正常可以发芽，不需要进行低温打破休眠。但种子发芽力较弱，发芽需要的时间较长，有些饱满度差的种子在育苗一个月后才开始发芽。但种子发芽力可以保持 5 年左右，生产上最好使用 2 年以内的种子。

2. 幼苗

辣素型工业辣椒幼苗时期生长缓慢，育苗过程一般持续 70～110 天，但分枝能力较强，在主枝分杈下方会长出约 14～16 片真叶，每个叶片的叶腋会发出一个侧枝。侧枝一般在幼苗期开始就萌发，一直到开花挂果后还有萌发能力。

3. 开花期

辣素型工业辣椒在合适的气候条件下，从发芽到现蕾约 120～130 天，是一个晚熟品种。目前广泛栽种的品种"宏绿五号"属无限生长型。所以，从现蕾之后，一直属于开花期。辣素型工业辣椒正常是二分杈。在养分充足时，会出现三分杈。越往上，随着养分供应难度的增加，可能只有一个分杈能正常向上长。每个分杈处都可以开花，养分充足且均衡，花就多。一个分杈处的花最多能达到 10 多朵。辣素型工业辣椒的分杈角度很大，导致整个辣椒株型呈伞状，单株冠幅可以达到 1 平方米以上。

4. 挂果期

辣素型工业辣椒在开花后 15～20 天就会挂果，由此进入挂果期。这个阶段也一直延续到最后，与开花期重合的时间很长，这是该品种的一个特征。辣椒属于自花授粉，经蜜蜂和蝴蝶等也可以异花授粉，但不需要人工授粉。在温度、光照、水分和养分适合的情况下，辣素型工业辣椒挂果率很高，在阳光充足、水热条件配合好的地段，有些植株能挂千余个果。"宏绿五号"在果实未成熟时呈现出淡绿色、白色，果实外表皱褶较多，且表皮有小的疣状突起，这是其辣度高的一个表观指标。内在原因是辣椒素含量越高，木质素含量就越低，缺乏木质素的支撑，辣椒表面就呈现出不平滑。退化的辣素型工业辣椒果皮或其他品种的果皮都相对平滑。

挂果期包括膨果期和转色期，其中膨果期又包括以细胞分裂为主的阶段和细胞膨大的阶段。由于整个挂果期很长，所以这些阶段都是相互重合交叉的，在整个挂果期，有的果处在细胞分裂膨胀阶段，有的果处在细胞膨大膨胀阶段，有的果在转色阶段，而顶部还在发芽、分杈阶段，分杈处还在现蕾、开花阶段。

5. 采收期

挂果后 40～50 天，开始有辣椒转色完成，进入采收期，采收期一直延续到种植季结束后，与开花期和挂果期长期重合。转色一般从底部门椒开始，转色初期多为局部转为金黄色，再整体转为金黄色，然后整体转为橘黄色，最后转为正红色。转为正红色后，辣椒的辣度最高，而且质量也最大。这样的辣椒才是合格的鲜椒。

辣素型工业辣椒在整个生长周期内都在一直长高，前期生长缓慢，后期由于叶面积大、根系多，生长更快。在水热条件合适时，一般可以长到1.5～1.8米。如果在热区种植，如果没有采取合适的控旺措施，可能会长到2米以上。在大棚里种植，能长到4米以上。

以上各个阶段的时间长短是基于云南区域（纬度25度、海拔1700米）观察得出的数据，高纬度、高海拔区域的物候会向后推，低纬度、低海拔物候往前推。当雨水不足时，即便能进行人工浇水，物候也会明显往后推，长势也会偏弱。

（二）该品种对气候条件的要求

辣椒是从热带地区传入的蔬菜，总体上是喜温的，适合在热带、亚热带种植。辣素型工业辣椒种子需要至少10摄氏度才能正常发芽，苗期温度20～30摄氏度可正常生长；如果温度过高，容易造成徒长；温度过低，则生长缓慢。20～28 摄氏度的条件下，可以正常开花、挂果；超过 30 摄氏度，容易造成徒长，且容易出现病毒病。云南区域阳光照射强烈，即便气温未达到 30 摄氏度，也容易造成局部高温，导致病毒病发生。

八

地上部分与地下部分的关系

（一）相互促进

"根靠叶养，叶靠根长"，植物的地上部分与地下部分是相互依赖、相互促进的。辣素型工业辣椒植株高大，在大棚内种植，如果没有采取合理的控旺措施，高度可以超过4米。与之相对应，其地下的根系也相当发达，到后期，除了垄里有根，沟里也都全部布满根系。但总的根系以分布在垄内的侧根、须根为主。

叶片光合作用合成的有机养分，送到根部，使根部可以利用有机质进行物质合成而生长。根系吸收的水分和矿物质等无机养分等输送到地上部分的茎秆、叶片、花朵和果实，促进这些器官的生长。

同时，根系也能合成一些氨基酸，刺激植物生长、开花。而地上部分的新生组织也能分泌出生长素，输送到地下，促进根系生长。

　　叶片通过蒸腾作用，不断地将水汽散发出去，使植株内部形成对水分的向上的拉力，这样的力传到根部，使根部能够被动地吸收水分和溶解在其中的养分和农药，是根系吸收养分的重要方式。

（二）相互竞争

　　植物吸收和合成的物质需要送到各个器官。若地上部分长势旺盛，养分和水分就更多地分配到地上部分；若地上部分的长势缓慢，养分和水分就会更多地分配到地下部分，就能更加促进根系生长。所以，地上和地下部分又具有相互竞争的关系。

九

营养生长与生殖生长的关系

营养生长是指根、茎、叶等器官的生长，生殖生长是指花、果、种子的生长。在现蕾前，植株是营养生长；从现蕾开始，植株同时需要进行营养生长和生殖生长，两种生长方式长期并存。

两者的关系是既相互依存又相互竞争。

营养生长是生殖生长的基础，有足够的叶面积和庞大的根系，才能提供足够的养分、水分及内源激素，促进开花、挂果、膨果及产籽。而营养生长不足，不能满足生殖生长对养分的需求，则会影响开花、挂果、膨果等，植株出现早衰，产量上不去。

营养生长和生殖生长具有对营养的竞争性。营养生长过旺，养分大量输送到营养器官，不利于开花、挂果，对于需要果实的辣素型工业辣椒来说，其结果就是产量不高。

对于辣素型工业辣椒，由于前期侧枝多，且分枝能力强，当主枝进入生殖生长后，养分向生殖器官大量输送，导致营养生长减弱，但侧枝还在进行营养生长，因此，侧枝容易迅速生长，超过主枝，侧枝形成顶端优势，最终植株呈漏斗状——四周高，中间低。

十

辣素型工业辣椒种植管理
总体思路

（一）病害综合防治

由于目前的辣素型工业辣椒品种抗病性相对较差，因此，在辣椒的种植管理中，需要尤其重视病害的防治。对于防治病害，应有一套系统的思路，目标就是通过各种农事操作使植株健壮，从内部增强其抗病害的能力，包括选地要合理，确保种子消毒，种苗的培育要健壮，起垄要高，起垄方向有利于排水、通风，底肥选择及施用合理，移栽时对苗的处理要适当，各种肥料使用时间、数量以及施用方法要科学。到最后，才是用农药来防病。每个操作都要将防病考虑进去，进行综合防治。

其中最关键的环节是：种子优质、种苗健壮、选地合理。

（二）养根是重点

辣素型工业辣椒生长周期长，植株高大，挂果率高。因此，在育苗和种植过程中，尤其是前期，需要重视促根、养根。只有拥有了发达的根系，才能保证为植株生长、开花挂果、果实膨大提供足够的养分和水分，并保证植株不早衰，确保辣椒产量和种植者的收益。

（三）施肥遵循植株的需肥规律

辣素型工业辣椒从苗期到采摘结束，发生了非常大的变化，在不同的阶段，对肥料的数量和种类的需求都不同。因此，在种植过程中，要根据辣椒需肥的特性，以及肥料供给的特征，在不同的阶段提供不同类型的肥料，并合理地控制补充肥料的数量。一方面，可以确保植株能够得到足够的肥料；另一方面，也能节约成本，并减少多余肥料对环境造成污染。辣椒的需肥规律如图1所示。

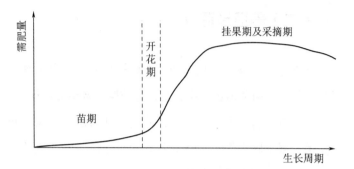

图1 不同生长阶段需肥量

（1）苗期：辣素型工业辣椒前期生长缓慢，苗期较长，植株的生物量小，根系少。因此，植株需要的养分数量少，并且根系能吸收的养分也不多。

（2）开花期：该辣椒单纯的开花期持续时间很短，这个阶段，生殖生长和营养生长并存，对养分的需求量有所增加，但从农业的角度来说，这个阶段更加需要促进花芽分化的肥料。

（3）挂果期及采摘期：从挂果开始，植株生长加快，叶面积增大，根系也更加发达，对养分的需求量迅速增加，并且长时间保持对养分的旺盛需求，直到气温下降，需求才逐渐降低。

十一

辣素型工业辣椒各阶段管理要点

（一）育苗期

1. 育苗方式选择

辣素型工业辣椒由于发芽力弱，发芽时间很长，尤其是饱满度不够的种子，可能在点种后一个半月才发芽，整个育苗周期在冬季约为 100～110 天，在夏季也需要 70～80 天，周期非常长。

由于周期长，不宜采用苗床育苗，最后移栽裸根苗，裸根苗在移栽时会有很多的根断掉，形成伤口，容易引起病害。建议采用穴盘育苗而非漂浮育苗，因为漂浮育苗如果无法及时移栽，不容易控旺，造成旺长。

苗盘穴数以 72 孔、105 孔为宜，最多不超过 128 孔。太小的育苗穴，由于基质量少，不利于培养壮苗；太大的育苗穴，则根系不容易将基质包住。

育苗的苗场一定要规范，最好能架空育苗。如果接触地面，那么种苗根系会伸到土里，在移栽时伤根严重。

对于苗盘材质，应优先选择塑料盘，因为泡沫盘的穴壁存在一些空隙，幼苗的根会伸入这些空隙中，在移栽拔苗时会造成断根，产生很多伤口，容易在移栽后出现病害。

2. 催芽

要培育整齐的种苗，需要采取催芽措施。目前常用的催芽措施包括：

（1）点种后浇透水，将穴盘插空堆放起来，用塑料布密封盖住，经过 5～10 天，有芽冒出来，就可以摆盘到苗床上。

（2）点种后将盘放入催芽室内，在温度 28～30 摄氏度、相对湿度 100% 的环境中进行催芽，当观察到有芽冒出来，就可以取出盘，摆到苗床上。

（3）将种子浸透水，泡 5 个小时以上，让种子充分吸收水分。浸泡后滤掉水，集中放入催芽机里，在温度恒定（30 摄氏度）、相对湿度 100% 的环境中进行催芽。当观察到种子开始露白时，取出种子，晾干后进行点种育苗。

催芽应注意控制时间。对于（1）和（2），在观察到有芽冒出时就应该停止催芽，将苗盘排放到苗床上。催芽时间短，达不到发芽整齐的效果，催芽时间长，则会导致出现豆芽苗，最先出现豆芽苗的都是最好的种子，形成豆芽苗后，最好的种子就被浪费了。采用方式（3）催芽，如果催芽时间短，达不到发芽整齐的效果，催芽时间长，已经出芽了，在点种的操作过程中就容易伤到芽，而且也影响点种的效率。

为了增强催芽的效果，也可以在催芽和育苗的过程中使用赤霉素、复硝酚钠和胺鲜酯等植物生长调节剂。具体的操作参考产品包装上的使用方法说明。

在泡种的过程中，有很多种子会漂浮，即便长时间搅拌也不会沉，这些种子并非不合格种子，而是因为种子本身很薄，不够饱满，加之外表起伏，容易在内凹处吸附气泡，所以会漂浮。但这些种子基本上都是能发芽的，只是由于种子胚乳少，发芽力弱，如果不经催芽处理，这部分漂浮的种子出芽所需的时间很长。

正规的商品种子已经经过杀虫、杀菌、消毒，在浸泡过程中不用再添加杀菌剂，建议这类种子最好不浸泡。

3. 基质配备

基质可选择商品基质，根据基质包装使用说明添加相应比例的珍珠岩或蛭石（有些商品基质已经配制好）。如果不选用商品基质，则建议选用泥炭，按体积比 2∶1 添加珍珠岩或蛭石，充分拌合均匀，喷水使基质"捏了能结块，但不出水，轻抛落地后会散开"即可。泥炭应选择盐分值低的，否则会烧苗。育苗基质营养丰富且结构合理，但基质内的营养物质多被有机质固定，释放缓慢，因此在育苗基质中可加入一定的复合肥（加水溶化或打粉）。复合肥可以选择平衡型或低钾型。

4. 点种

点种前，先将基质铺满，浇透水，然后压出一个深度 0.5～1 厘米的坑，将种子放入坑底部，再盖上基质，将上层基质浇透水即可。深度太深，出苗慢，甚至有些种子最终没法发芽；深度太浅，则容易戴帽出苗，导致子叶无法正常展开，影响苗的长势。

5. 苗圃日常管理

辣素型工业辣椒苗生出子叶时，主要利用种子内部储存的养分，这个阶段很短，适当保持土壤湿润，气温 10～25 摄氏度，生出真叶后，基质内就相应地生出了根，这个时候，苗就具备了主动吸收水肥的能力，由于苗前期生长非常缓慢，因此需要在日常管理中通过浇水保持基质湿润，但水分又不宜太多。在真叶长出后，每次浇水时都应加入平衡肥或低钾复合肥，N（氮）、P_2O_5（五氧化二磷）、K_2O（氧化钾）浓度均不超过2‰，其中氮肥优先选用硝态氮。

为了防治育苗期病害，可以施用广谱、预防性的药剂，如百菌清、多菌灵、恶霉灵、氟菌·霜霉威、福美双等，也可以施用枯草芽孢杆菌等微生物菌剂。

6. 炼苗

在出圃前的10天左右，可以通过控水、控肥、控温，增加光照进行炼苗，以使种苗能更加适应移栽后的环境。

（1）尽量少浇水，只要不出现萎蔫，就可以不浇水，浇水时也不浇透，能使苗恢复正常的水量就可以。

（2）这个阶段就不用再考虑补充养分了，除非长时间移栽不了，出现明显的黄叶、落叶。

（3）为了尽量接近种植条件，晚上可以不用关放风口，适当降低环境温度。

（4）可以全天都不进行遮阳，提高种苗的木质化程度。

7. 壮苗的标准

壮苗的标准有：根系发达，能包住基质，白根多；茎秆粗壮，子叶下部的茎秆木质化程度高，但茎秆总体不高，不超过 20 厘米为宜；真叶大小适中，颜色正常绿色，叶面平整，无缺肥和病斑。

由于辣素型工业辣椒育苗时间很长，相比普通的蔬菜和其他辣椒育苗，管理的成本更高，在长期的管理过程中，很容易出现各种问题。建议委托专业的机构育苗。

（二）移栽

1. 选地

1）区域的选择

由于辣素型工业辣椒怕高温的特性，因此，辣椒种植需要尽量避开高温。如果早秋水稻后种植（9 月底—10 月底），在云南区域应该选择在海拔 1000 米以下的河谷和坝子的稻田。如果早春种植（气温开始回升，1 月下旬至 2 月中旬），可以选择海拔 1000～1500 米的区域。如果大春种植（3 月中旬—5 月中旬），可以选择 1500 米以上的区域。以上仅为一般性建议，还需要根据纬度和小气候进行调整，总体原则就是辣椒在开花、挂果期温度尽量不超过 30 摄氏度，不低于 20 摄氏度。

2）地块的选择

辣素型工业辣椒怕水，尤其是到生长中后期，遇到土壤含水率高的情况，即便地表看不到积水，也容易造成对根的伤害，进而引起其他病害的发生。因此，首先要选择地块不积水、土壤容易排水的地势较高的地块，不宜选择洼地、水田下方的田或大面积的平地。

应选择中性或偏酸土壤，南方土壤基本上都偏酸性，在选地过程中不用刻意去测量其 pH 值。

土质以壤土为佳，这类土壤保肥供肥能力强，又不至于出现明显的沤根现象。由于沙壤土滤水能力较强，也适合种植该品种的辣椒，但沙壤土保肥能力较弱，在种植后期容易出现缺肥现象。黏土不适合种植该品种辣椒，但含有少量黏土的土壤保肥供肥能力较强，在水分控制合理的情况下，也能获得高产量。

从近几年的种植情况来看，种植该品种辣椒的土壤不能受到污染，所以选地应该避开养殖场或者居民区，养殖废水和居民的生活污水如果流入辣椒地内，很容易造成辣椒病害，虽然前期看着长势良好，但最终可能颗粒无收。

辣素型工业辣椒的选地非常重要，最近几年，大多数种植失败是选地不合理造成的。

3）前茬作物的选择

农业种植中，由于植物的选择性吸收造成土壤中养分含量不均衡，以及选择病菌与植物的相互协同进化，每一种作物（包括同科的近亲作物）都存在重茬的情况下病害多发、难管理的问题。因此，辣素型工业辣椒种植应避免选择前茬种植过茄科作物的地块，常见的茄科作物主要包括茄子、辣椒、番茄、烤烟、马铃薯、人参果等。

2. 土壤处理

对于重茬的基地，或前茬作物出现明显病害的基地，在种植前需要进行土壤处理。可以选用 20～40 公斤 / 亩生石灰或 1～2 公斤 / 亩五氯硝基苯均匀撒施后翻地消毒，其中生石灰可以同时防治病害和虫害，五氯硝基苯则只对病害有防治作用。若需要杀虫，则须另外配上辛硫磷或杀虫双，按产品说明使用。除生石灰外，也可以将农药与底肥和土混合施用。

3. 整地

整地前，尽量将前茬作物的残留秸秆清理掉，同时将大块的石块清理掉。整地时，要求尽量深翻土地，最好不浅于 20 厘米，然后尽量将土垡打碎到直径小于 2 厘米，削高填洼，使地表平整，以利于后续工作的开展。对于台地，尤其是地势较低洼、地下水位较高或面积较大的台地，应在内侧深挖一条排水沟，以便截断地下水，使地块不出现积水。

4. 起垄

起垄的方向根据地形，主要考虑排水和通风的因素，最好是能同时有利于排水和通风。如果两个因素不能同时顾及，则优先考虑排水。对于坡地，受地形影响，主导风向沿坡面从下向上吹，所以沿坡度走向起垄，可以兼顾排水和通风。对于台地，则可能无法同时顾及。

由于辣素型工业辣椒根系发达，后期根系将遍布整个垄内，甚至长到沟内，为了给根系创造充分发育的空间，就需要将垄起得尽量高大。垄高不得低于 30 厘米，能达到 40 厘米更佳，垄宽不低于 80 厘米，沟距不低于 120 厘米。这样才能使根系得到充分发育，只有庞大的根系才能支撑高大的植株，提供充足的营养，使得植株健康，最终获得高产，如图 2 所示。

不低于30厘米 30~40厘米 80~90厘米

图 2   起垄标准示意图

5. 开塘

对于采用滴灌的基地，起垄后要在垄背中间开一条深度不超过 10 厘米的浅沟，以便敷设滴管，种植前可以不再开塘。

对于沟施底肥的基地，也可以不开塘。在种植时，通过人工操作，种植苗后按压，也就形成一个不大的种植塘。

对于穴施底肥的基地，则应根据施用的底肥的量，开一个不大的塘，塘的深度以施用底肥并覆土后不超过 10 厘米为宜。

6. 底肥

1）施用方法

可以在起垄前沟施或起垄后开塘穴施，如果使用腐熟的农家肥做底肥，可以在翻地前进行整块撒施，这样对土地的改良作用更明显。对于沟施的底肥，起垄后自然有

10～15厘米的土层将肥料和植物根系隔开。对于开塘穴施的底肥，需要将土与底肥充分混合后，再覆上10厘米左右的土层，以避免根系和肥料直接接触。

2）肥料的选择

撒施可以选用腐熟的农家肥，用其他的肥则会造成明显的浪费。一般沟施和穴施的底肥可以选用商品有机肥、生物有机肥或复合生物有机肥。对于有机肥，应加入具有功能性的菌剂，如侧孢芽孢杆菌、地衣芽孢杆菌、胶冻样芽孢杆菌、巨大芽孢杆菌、多粘类芽孢杆菌、解淀粉芽孢杆菌等，既可以防病，还有促进生长、增产的作用。有机肥和生物有机肥由于含有的大量元素量较低，因此，也可以再加入相应的氮、磷、钾等肥料。

3）肥料的用量

对于腐熟的农家肥，施用量可以根据资源情况改变，每亩1～3立方米不等。

对于商品有机肥等几种底肥，每亩用量不低于100公斤，能达到200公斤以上则效果更好。

氮磷钾等大量元素肥，以15∶15∶15的平衡复合肥为例，每亩20公斤就可以，不宜太多；否则，可能会造成旺长，甚至烧苗，并造成浪费。

底肥一方面能给前期植株生长提供养分；另一方面也能改良土壤环境，为植株根系提供良好的生长空间。

7. 农药

有些地块在处理土壤时已经用了一部分农药，起到了杀灭病菌和地下害虫的作用。由于种植前期，气候相对干旱，辣椒嫩尖很容易招来蚜虫，并导致蚜虫爆发。因此，在施底肥时，还可以考虑加入内吸性的防蚜虫的农药，如吡虫啉、噻虫嗪、噻虫胺等颗粒或片剂，通过植株内吸后输送到叶片内，能防治辣椒生长前期蚜虫、蓟马、飞虱等，药效 50 ～ 60 天。防地虫可以选用辛硫磷或菊酯类农药。

8. 二次炼苗

在移栽前，种苗拉到当地后，应进行再次炼苗。本次炼苗时间不应少于 3 天，将苗摆放到部分遮阴的地方。如果出现萎蔫，则在傍晚时略微洒一点水，水不要太多，能让苗恢复正常即可。一方面，让幼苗进一步适应当地的环境；另一方面，可以让幼苗植株体内的水分含量进一步降低，形成植物体内细胞的高渗透压，这样的苗移栽后，植株通过主动＋被动两种方式快速吸收水分，能迅速恢复生长，缩短缓苗期。

9. 铺膜

1）地膜的作用

（1）保持土壤水分。铺膜后，降低了土壤水分的蒸发，减少了浇水次数，尤其在低温时段，减少浇水次数就避免了因频繁浇水造成的地温频繁下降。

（2）提升地温。铺膜后，阻止了热气的散失，垄内地温可提高3摄氏度以上，加速移栽后根系的恢复。

（3）膜内良好的水热条件能加速根系及植株地上部分的生长发育，提高产量，并且能够使采收期提前。

（4）抑制杂草生长，减少了除草的劳动力投入。

2）地膜的选择

地膜的厚度一般为0.015～0.020毫米，宽度根据垄的宽度确定，一般为90～120厘米。主要以颜色来区分。

黑色地膜：能明显提升地温，有利于低温时期作物的生长。但对于高温时段，若辣椒植株未封垄，则会造成垄内土壤温度过高，影响根系的发育，进而影响植株的生长和辣椒的产量。黑色地膜建议在海拔1700米以上的基地使用。

银黑双色地膜：铺膜时要将银色面向上铺设，银色面具有较强的反射太阳光的作用，能提高植物光能利用率。这类膜抗老化、抗紫外线性能较好，使用周期较长，适合辣素型工业辣椒这种生长周期长的作物。银黑双色地膜可以在海拔 1700 米以下的基地优先选用。

透明地膜：这类地膜在白天升温作用明显，但夜间保温作用较差，膜内地温波动较大。而且，因为该类地膜能透光，地膜下长草较多，铺设后容易被草顶起来，保水能力下降。透明地膜不建议使用。

3）覆膜

人工铺膜，最好能有 3 个人配合操作。将膜的一端用土压紧，一人用绳子或木棍穿过膜卷筒的芯向前拉，使膜展开，保持膜的拉紧状态，使其能紧贴垄的表面，另外两人在两侧用土将膜缘压严。覆膜后，在种植穴处用手将地膜撕开一个碗口大小的孔（直径 10 厘米左右）。孔太大则保湿、保温的能力下降；太小则地膜容易接触到幼苗，造成幼苗烫伤。

垄沟底一般不铺膜，但为了减少除草作业，可以在沟底铺设防草布。这种布可以透气漏水，但不透光，能有效防止沟内长出杂草，而且可以在种植季结束后回收，重复利用。

10. 移栽

（1）移栽时尽量避开雨天，移栽前可用枯草芽孢杆菌蘸根，如果选用药剂，可以选择甲霜灵、精甲霜灵、恶霉灵、咯菌腈、噻菌铜等，来防治土传性病害。

种植前尽量少接触幼苗，种植时应用手指捏住子叶下方已经木质化的茎秆，以防止人为操作不当，对幼苗造成损伤。

对于大春种植的区域，株距 70～80 厘米，这样每亩就可以种 700～800 株；对于早秋种植的区域，可以选用更大的沟距，但株距可以不变，每亩种 500～600 株；对于早春种植的区域，可以采取密植模式，沟距不变，但株距采用 45～50 厘米，这样每亩可以种植 1100～1200 株。

辣椒苗要浅栽，种植后覆土以盖过基质、但露出子叶为宜。这样，就可以让根系在整个垄内充分发育。移栽尽量将苗种在膜口的中央，避免苗和膜直接接触。在覆土压实过程中，会在移栽处自然压出一个小的塘，以利于浇水。如果移栽坑太深，则坑底平面以上的土壤都是植物无法利用的，浪费了很多的土壤。覆土要把膜口封严，这样可以避免水分快速流失。在晴天，膜内形成蒸汽。如果没有封严膜口，膜口处会有热气喷出，造成对幼苗的伤害；同时，避免膜被风吹起来后，烫伤幼苗。

（2）定根水。有条件的地块，可以在移栽前1天或几个小时先浇一次水，水量约为500～1000毫升，以充分润湿移栽穴为宜。在辣椒种苗种植下去后，可再浇一次水，以使植株根系和土壤充分、紧密接触。

定根水中可以加入菌剂或药剂。如果用菌剂，可以选用枯草芽孢杆菌或哈茨木霉菌；如果选用药剂，则可选用之前蘸根用的几种药剂。但如果底肥中已经用了菌肥，或选用了菌剂加入定根水中，就不应再用药剂。如果选用了药剂，则使用1周后才能用菌剂。

以上的每一步，对于病害的综合防治都打下了非常重要的基础，越规范越有利于最终获得良好的种植效果。

（三）移栽后苗期

移栽后苗期即种植后到现蕾前的时期，现蕾一般发生真叶有14～16片时，这一阶段时间约为移栽后20～30天。

这一阶段管理的要点是促根养根。由于辣素型工业辣椒生长周期相对较长，为了保证辣椒产量，需要有强大的根系持续提供养分。而且，有了发达的根系，就能保证植株健壮，增强辣椒整体的抗病能力。

要有效促进辣椒根系生长，应在保证辣椒苗正常生长的基础上，做到控水控肥。

由于植物的根系具有向水向肥性，在浇定根水后，施在下部的有机肥吸收储存大部分下渗的水分，植物的根系会积极地向有机肥所在的区域伸展。此时，如果浇水过多，反而会造成植物没有发根的内驱力，根系发育缓慢而稀疏。因此，只要植株能正常生长，哪怕土壤表层已经变干，只要土壤表层以下10厘米以内仍保持湿润，就不需要着急浇水。

若浇水，一次可以适当多浇一些，让土壤大多数的时间都处于上部缺水、下部有水的状态，促使根系充分发育且向深处伸展。

对于敷设滴管的地块也是这个思路，不需要经常滴水，集中一次多滴一些，因为如果地表水分充足的话，根系向下扎得不充分，而是向地表有水的地方伸展。

这一阶段浇水时可以加入矿源黄腐酸钾来促根，每亩用量500～1000克，也可以用海藻精或聚谷氨酸促根，具体用量参考说明书确定。如果用植物生长调节剂来促根，比如吲哚丁酸、萘乙酸等，需要同时补充相应的营养；否则，为了促根，不合理地消耗植物体内的养分后，容易造成植株早衰。由于辣素型工业辣椒生长周期长，如果植株出现早衰，会明显影响产量。

辣素型工业辣椒前期生长缓慢，种植下去后不用着急施肥提苗。如果确实因土质或气候不适宜长不起来，可以在用水时加上一点平衡型的复合肥或水溶肥，每亩用量不超过3公斤。只要前期培养出发达的根系，后期植株高度和产量就有保障。

苗期除了防治根腐病和早疫病外，还应该开始针对病毒病做预防，常用做法是加上氨基寡糖素、香菇多糖、壳寡糖、锌等增加植株抵抗力的成分。苗期害虫除了蚜虫外，主要还会有地老虎、蝼蛄等地虫，可以选用甲维盐、氯虫苯甲酰胺或菊酯类的药剂杀灭。数量少时，也可以人工杀虫。

（四）开花期

开花期从现蕾开始，一直持续到种植季结束，顶部一直会开花。在本书中，这一阶段主要指现蕾到挂果这段时间，植株开始从营养生长进入营养生长＋生殖生长，时间比较短，约 15～20 天。

这一阶段管理的要点是促花促果。可以选用含有钙、镁、硼、锌的中微量元素肥，每亩 5 公斤，随水浇施。这一阶段，辣椒根系已经接触到底肥，生长逐渐加快，长势旺盛，因此，不建议用植物生长调节剂。

如果辣椒植株长势不理想，可以在这个阶段补充 3～5 公斤／亩的平衡肥，平衡肥与中微量元素肥最好能分开施用，间隔几天，因为磷（磷酸根）可能会和中微量元素中的金属离子结合，形成不溶于水的物质，影响养分的供应。

辣素型工业辣椒分枝能力很强，在主枝分枝下方的 14～16 片真叶，每一片的叶腋内都会发出一个侧枝。底部的侧枝在现蕾前就有可能会发出来，建议在侧枝长到 10 厘米左右才开始修枝，用剪刀将侧枝从距离主枝 1 厘米处剪掉。这样，每次可以修 4～5 个侧枝，3 次基本上可以全部修完。在前两次修枝的时候，应该保留侧枝处的叶片,因为这个时候叶片还是功能叶,还能够通过光合作用提供植株生长的养分。这时,植株总的叶面积较小。如果底部的叶片修掉太多,会影响植株的生长。第三次修枝时,可以将底部已经老化的叶片一起修掉,如图3所示。

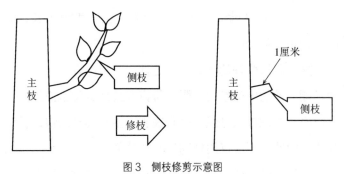

图3　侧枝修剪示意图

修枝太早,则修枝的次数太多,太费工;修枝太晚,则会有大量的养分被侧枝吸收而浪费掉。一般叶伸到哪里,根就长到哪里,侧枝顶端也能产生生长素,通过韧皮部向下运输,促进根系发育。所以,让侧枝适当生长一段时间,可以促进根系发育。

由于主枝先进入生殖生长,一旦开始生殖生长后,营养生长就受到影响,侧枝高度就会迅速地超过主枝,从而形成对主枝的顶端优势,主枝就很难再长高,最终形成漏斗状的树形。由于辣素型工业辣椒正常情况下都是二分杈生长（下部分杈在养分充足时，会出现三分杈的现象，上部由于供肥困难，常出现其中一杈不再继续生长的情况），在分杈处开花挂果，分杈数量是 2^n（$n=$ 分杈次数），则只要养分合适，每多分杈一次就能多一倍的开花挂果点，就能长出多一倍的辣椒来。所以，在这个阶段一定要将侧枝全部剪除掉，尽量让主枝多分杈，这是最终取得高产的基础。

苗期和花期都是少雨、干燥的时段，很多区域杂草都枯萎了，只有种植下去的辣椒苗有嫩的枝叶，这个阶段容易发生蚜虫的大爆发（白粉虱和蓟马在该品种辣椒上爆发的情况比较少见）。防治蚜虫是重点工作之一，若在底肥里已经加入了内吸性的防蚜虫药剂，尤其是片剂，其作用时间可以长达 50 天，基本上就可以让辣椒植株度过干旱时段。下雨后，露地种植的区域就不会再爆发蚜虫了。开花期可能会对辣椒植株产生影响的是地下害虫，包括地老虎、蛴螬等，如果在底肥中已经添加了防地虫的药剂，则不用再采取防虫措施。

这个阶段，早疫病还会发生，因此要多观察、早防治，防治病毒病的工作仍然要继续。由于植株生长旺盛，根系提供的水分充足，尚不容易发生病毒病，仍然以防病为主，考虑采用苗期建议使用的增强植株抗性的一些成分，同时可以适当补充氨基酸等叶面肥。

（五）挂果期

花期后 15～20 天，开始出现辣椒果实，进入挂果期。挂果期也一直延续到种植季结束，植株同时进行营养生长和生殖生长，植株快速分杈、长高，果实越来越多，植株需要的养分量明显增大。

因此，这一阶段的管理要点是膨果。前期的下部果实由于距离根系较近，而且植株生长旺盛，约有 100 个果能够膨大，但要想获得高产，需要让上部的后期的果实也能正常挂果并膨大。除了植株本身的生长外，还需要很多的养分供给花和果实，因此需肥量明显增大。可以从挂果 20 个开始每 10～15 天追肥 5～10 公斤／亩，化肥加水溶化后浇在叶片投影外围处。由于该品种的辣椒开花、挂果、采摘周期长，在追肥的大多数时间段内，都可以选用平衡型肥料。

由于该品种的辣椒侧枝分枝角度很大，株形为伞形，当植株高度超过 50 厘米时，就可以打桩拉线了。拉线的作用主要是便于人进入基地进行农事操作，同时有利于内部的透光和通风。而该品种辣椒株形高大，桩的高度不低于 1.5 米，间隔 3 米左右。可以在垄的两侧都打桩，也可以在垄的中部打一根桩。这样，当辣椒植株继续长高时，还可以在上部再拉 1～2 道线，线可以沿直线拉，也可以以"8"字形拉，人进入沟内操作不对辣椒植株造成损伤即可。在朝东和朝南的地块，可以在种植辣椒的同时在垄侧点上玉米种子。当玉米长起来后，其秸秆也可以作为桩来使用。为了满足辣椒通风和透光的需要，应将玉米下部的叶子去除掉。

辣椒挂果后，会有斜纹夜蛾、菜粉蝶及几种螟等鳞翅目害虫的幼虫从辣椒的果柄附近进入辣椒内，并在辣椒内随着辣椒的长大而长大。因此，需要多观察，发现有幼虫或成虫时，及时除虫，可以人工除虫。

挂果期还会出现早疫病，大春种植辣椒的挂果期正值雨季，开始出现炭疽病或晚疫病，细菌性的青枯病也在这个阶段开始出现，这个阶段的病毒病以花叶和蕨叶类为主，要注意防治。

此时，辣椒基地并未封垄。若气温过高，导致地膜内的温度超过 30 摄氏度，可能会造成对根系的损伤，需要将膜口再扩大一些，直径达到 20 厘米左右，以便降低膜内的温度。

（六）采摘期

膨果后进入转色期，转色期大概为 20 天。转色后就进入采摘期，采摘期不是植物的一个生理阶段，只是在农事操作过程中，有不同于挂果期的特殊要求。因此，作为一个单独的阶段来进行介绍，从转色后开始摘果到种植期结束。这一阶段的管理要点是适时采收＋病害防控。

辣素型工业辣椒的辣度来自于果皮及瓤上，辣素在生长过程中逐步积累起来。因此，要获得更高的辣度，须完全转色至呈正红色，再开始采摘。此时，生物质也积累到最多，质量最大，有利于产量的提高。采摘时，建议不带把采摘。这样，可以避免在主枝上出现伤口，减少病害的发生。

如果在辣椒未完全成熟前就采摘，采摘后的伤口对辣椒植株的伤害严重，更容易引起病害。如果成熟后才采摘，则辣椒把与植株之间已经形成一个离层。离层形成后，即便不人工采摘，辣椒也会自行落果。因此，应该在完全转色为正红色后采摘。辣椒完全成熟后，还能在植株上挂10天左右，可以间隔7～10天采摘一次。这一阶段需要延续挂果期的施肥模式持续施肥，一直到夜温底于10摄氏度。

随着辣椒植株生长，果实增多而且快速膨大，养分需求量很大。加上由于不定期采摘辣椒，长时间的人工操作带来大量的伤口，如果气候不合适，就容易发生病害。这段时间容易出现的病害主要是病毒病和晚疫病。这一阶段生长点坏死型病毒病逐渐增多，这种病发生后，植株从顶端开始枯死，并落叶、落花、落果，严重时，最后可能全部落完。晚疫病会导致植株变黑。严重时，病斑上部枯死，甚至全株枯死。这两种病害对辣椒的产量影响非常明显。

由于这个阶段时间长达3～5个月，在这期间，多次进行辣椒采摘，因此，建议在每次辣椒采摘后，及时喷药防治病害。同时，采摘辣椒应该选择晴天，至少是阴天，雨天不宜采摘。病害的防治建议持续到夜温低于10摄氏度的时期，这时雨季基本结束，气温开始下降。

十二

辣素型工业辣椒常见主要病害及防治

（一）猝倒病

猝倒病属于辣椒苗早期的病害，此时辣椒植株还处于幼苗期，还在育苗基地内。茎基部病斑呈黄绿色水渍状，后很快发展至绕茎一周，病部组织腐烂干枯而产生缢缩或软腐，水渍状自下而上扩展，导致幼苗最终倒伏。以此为中心，逐渐蔓延，传染速度很快，几天后就会大面积染病。

发病的主要原因是腐霉菌侵染，发病的主要条件是低温、高湿，在早春低温期（15摄氏度以下）、阴雨天、通风不及时的苗棚内容易出现，湿度大时发病严重。因此，在育苗过程中应注意提高地温，通过放风和减少浇水来控制湿度。

由于腐霉菌是鞭毛菌亚门的低等真菌，防治猝倒病可以用专门针对低等真菌的甲霜灵、霜霉威、霜脲氰等，也可以用广谱性的恶霉灵、百菌清、多菌灵、甲基托布津、福美双等，还可以选用青枯立克等植物源农药以及多粘类芽孢杆菌和枯草芽孢杆菌等菌剂。

（二）根腐病

　　根腐病是由土壤中的腐霉菌、腐皮镰孢菌、疫霉菌等引起的病害。发病初期，先是支根和须根染病，并向主根扩展；主根染病后，早期植株地上部分不表现症状，随着根部腐烂程度加剧，吸收水分和养分的功能逐渐减弱，地上部分因养分供不应求，在光照强、蒸发量大（中午）时，顶部新叶首先稍见萎蔫，继而发黄，但夜间又能恢复。病情严重时，萎蔫状况夜间也不能再恢复，整株叶片发黄、枯萎。此时，根皮与其内的韧皮部变褐，并且皮与髓部极易剥离，最后全株死亡。病菌从根茎部或根部的伤口侵入，通过雨水或灌溉水传播和蔓延。

　　地势低洼、排水不良、土壤板结、重茬、土壤黏性大的地块发病严重，植株根部受伤也容易造成根腐病发生。

　　引起根腐病的病菌有几种，有高等真菌，也有低等真菌。因此防治根腐病最好能同时用复配的药或者同时用两种以上不同类别的药。防治根腐病可以选择的农药有：①恶霉灵；②针对低等真菌导致的病害有特效的甲霜灵、烯酰吗啉、霜霉威盐酸盐、双炔酰菌胺、氟吡菌胺、霜脲氰等；③广谱性的代森锰锌、百菌清、咯菌腈、吡唑醚菌酯、嘧菌酯、肟菌酯、恶唑菌酮等；④同时防治真菌和细菌的络氨铜、喹啉铜、乙蒜素、春雷霉素、氯溴异氰尿酸等。

还可以用微生物菌来防治根腐病，效果比较好的菌种有解淀粉芽孢杆菌、枯草芽孢杆菌、多粘类芽孢杆菌、哈茨木霉菌等。

由于根腐病是土传病害，病原生长在土壤中，所以针对根腐病的施肥方式以灌根为主。

由于根腐病的发生多数在种植的早期，其他正常苗都还没有明显长高，因此，多数病苗在拔除后都会再补种一株，若未做任何处理直接在原位补种，则同样会出现根腐病而死苗，因此，在补种前要用以上的药剂处理好移栽坑及周边的病菌杀灭工作。

由于根腐病与后文的"根腐型"晚疫病很难区分，两者还可能同时发生，因此防治根腐病最好能搭配防治晚疫病的药。

（三）早疫病

辣素型工业辣椒的早疫病并非仅由茄链格孢菌引起，它不同于普通辣椒的早疫病。虽然也出现在苗期，会有叶尖和顶芽腐烂，也会出现带同心轮纹的中心灰褐色、边缘黑褐色的病斑，但后期的表现更类似烟草的"半边疯"病，是细菌、真菌的复合感染。感染后最先表现出来的是顶部叶片枯萎，但枯萎多在一侧出现，尤其是当辣椒植株开始分权后更加明显，部分侧枝已经出现枯萎，甚至枯死的现象，但其他的枝干还能有一段时间的正常生长。横切开枝干，能够观察到维管束变成褐色，这种病是从顶部开始染病，然后逐渐向下传染的。

当气温逐渐回升后，早疫病开始出现。土地贫瘠、植株缺少养分、长势弱容易发生早疫病，排水不良的地段也容易发生早疫病。

早疫病可以通过风、雨水、昆虫等传播，通过气孔、皮孔、伤口或表皮直接进入植株内。但总体说，早疫病传染性不强，对辣椒的危害不严重。

当观察到这种病害后，应及时将出现病害的枝干剪掉，一直剪到维管束正常处，然后及时施药。

对于常规的引起早疫病的真菌，起作用的药很多，包括：①异菌脲；②广谱性的百菌清、丙森锌、代森锰锌、多菌灵、代森锌、吡唑醚菌酯、嘧菌酯等；③三唑类的杀菌剂，如苯醚甲环唑、丙环唑、戊唑醇等。由于该病的病原菌相对比较复杂，单用针对真菌的杀菌剂效果往往不理想，在施药后还会反复发病，因此在配药时需要再加上细菌性的杀菌剂，如乙蒜素、氢氧化铜，还可以选用抗生素类的春雷霉素、多抗霉素、武夷菌素、农抗120等。

（四）炭疽病

炭疽病是辣椒种植过程中非常常见的病害。主要是由辣椒刺盘孢菌、果腐刺盘孢菌侵染引起的，分为黑色炭疽病、黑点炭疽病和红点炭疽病，但最常见的是黑点炭疽病。

辣椒炭疽病主要危害接近成熟的果实和功能叶片。果实染病后，最先出现水渍状、褐色椭圆形或不规则形状的病斑，患病部分会稍显凹陷，斑面出现明显同心轮纹状的橙红色小粒点，后转变为黑色小点。叶片染病后，病斑最初为水浸状褪绿色，后扩大并逐渐变为中间灰白色，边缘褐色接近圆形，在褐色外围常有黄绿色晕圈，病斑内部有同心轮纹状黑色小粒点。后期，在天气干燥时，病斑中间常破裂。天气潮湿时，溢出黏稠粒状物。炭疽病严重时，容易造成大量落叶、烂果。

夏季高温、多雨的时段发病重；地块间地势低洼、土质黏性大、排水不良的地块发病重；种植过密、通风不良、施肥不当、偏施氮肥的田块发病重。当湿度低于70%时，炭疽病基本不会发作。

炭疽病菌通过风雨传播，通过植株表皮的伤口侵入，染病后的植株在短时间内可能通过风雨、昆虫和农事操作再度传播、侵染。

炭疽病的防治可以选用：①咪鲜胺、腐霉利；②广谱性的代森锰锌、代森联、嘧菌酯、吡唑醚菌酯、肟菌酯、烯酰吗啉、百菌清、多菌灵、甲基托布津；③三唑类杀菌剂，如氟硅唑、烯唑醇、戊唑醇、苯醚甲环唑、丙环唑；④抗生素类的农抗120、武夷菌素等；⑤细菌和真菌兼治的中生菌素、松脂酸铜、波尔多液等。

（五）晚疫病

晚疫病对于辣素型工业辣椒属于毁灭性病害，发病严重时，可能导致整块基地绝收。

这种病是由鞭毛菌亚门的低等真菌辣椒疫霉菌侵染所引起的。主根染病，初呈淡褐色湿腐状斑块，后逐渐变为黑褐色，导致根及根颈部韧皮部腐烂，木质部变淡褐色，引起整株萎蔫死亡，可称为"根腐型"晚疫病，常和辣椒根腐病相混。茎和枝染病，多从植株分枝处或靠近地表处开始，条形病斑初为暗绿色水浸状，边缘不明显，然后变为黑褐色或黑色，表皮病斑扩展到环茎一周后导致茎枝"黑杆"，病斑凹陷或缢缩，病部以上枝叶迅速凋萎枯死。叶片上出现暗绿色圆形病斑，边缘不明显。潮湿时，其上可出现白色霉状物，病斑扩展迅速，叶片大部分软腐，易脱落，干后呈淡褐色。果实染病，多始于蒂部，初生暗绿色水浸状斑，病果迅速变褐软腐，湿度大时病果表面长出白色霉层，干燥后形成暗褐色僵果，残留在枝上。

多雨、潮湿的天气条件是病害流行的关键因素，大雨或连阴雨后骤然放晴，气温迅速升高，有利于病害流行；田块间连作地、地势低洼、雨后积水、排水不良的田块发病较重；种植过密、通风透光差、管理粗放、杂草丛生的田块发病重。

初期孢子通过气流和雨水传播，植株有伤口时有利于病菌侵染，侵染后通过灌溉、雨水及农事操作快速传播。由于晚疫病发生时正好是高温高湿时段，导致晚疫病发生后迅速扩散，容易造成严重后果。

对于晚疫病，应以防病为主，晚疫病发展非常快，发现晚疫病后，要及时防治，初期可以将病枝剪除。若已经到后期，则应立即将染病的植株拔除。在整块喷洒相关药剂的基础上，病株周边的几株还要单独进行浇淋。由于雨后骤晴容易导致晚疫病爆发，因此，在遇到长时间降雨后，天晴时应立即施药。

防治辣椒晚疫病的药剂可以参考前述的猝倒病，同时也可以参考烤烟黑胫病的防治方法。可以选用的药有：①专门针对低等真菌的霜霉威、霜脲氰、恶霜灵、甲霜灵、烯酰吗啉、氟吗啉等；②广谱性的恶霉灵、代森锰锌、嘧菌酯、吡唑醚菌酯、肟菌酯、百菌清、多菌灵、甲基托布津、福美双等；③真菌细菌同杀的春雷霉素、氢氧化铜、波尔多液、喹啉铜等；④酰胺类杀菌剂，如氟吡菌胺、双炔酰胺、磺菌胺、苯酰菌胺、噻唑酰胺等；⑤多粘类芽孢杆菌和枯草芽孢杆菌等菌剂。

（六）病毒病

辣素型工业辣椒最容易发生病毒病，常见的病害有花叶型病毒病、蕨叶型病毒病及生长点坏死性病毒病。发生病毒病的原因有两个：一个是该品种辣椒自身抗病毒病的能力差，另一个原因是目前种植辣椒的区域多数地方都同时种植烤烟，种植区域病原很多，周边的杂草和树木中常常能观察到病毒病。形成了烟草→杂草→辣椒→杂草→烟草的交叉循环感染。

辣素型工业辣椒病毒病主要是由烟草花叶病毒或黄瓜花叶病毒侵染造成的，病毒通过蚜虫或白粉虱传播，也可通过接触或伤口侵染。在辣椒种植过程中，春季气温逐渐回升，但降雨期还没有到来，蚜虫和白粉虱爆发的时段是辣椒病毒病爆发的一个高峰期。开始采摘辣椒后，人员长时间在田里操作，采摘导致辣椒产生很多个伤口，也是病毒病爆发的另一个高峰期。

由于辣素型工业辣椒对病毒病抗性很差，很多情况都会造成辣椒植株发生病毒病，如蚜虫、白粉虱叮咬，农事操作造成的对植株的伤口，肥料和农药使用不当，以及天气突然变热，太阳长时间暴晒或连续阴雨天导致田间积水等。辣椒病毒病发生的主要原因是顶部供水不足，有几种情况：①根部受损导致供水能力下降；②病毒破坏了叶脉，导致供水受阻；③高温或太阳暴晒产生的顶部失水加快，供水能力跟不上，这些都会造成辣椒植株顶部的抵抗力下降，就很容易发生病毒病。

辣素型工业辣椒的病毒病在高温、干旱的条件下传播非常快，可能在 3～5 天内就会被大面积传染。在气温较低或空气湿度略高的时段，传播则相对较慢。尤其是 1900 米以上的高海拔区域，不会明显传染。

花叶型病毒会破坏叶片细胞中的叶绿素造成叶面不规则褪绿，叶面斑驳（浓绿与淡绿相间），叶面凸凹不平，叶脉皱缩畸形，生长缓慢，果实变小、斑驳，染病后植株基本不再生长，甚至随着病情加重还会出现植株变矮的现象。

蕨叶型病毒病的症状表现为：植株顶部的幼叶细长，簇生在一起，叶片薄而且颜色较浅，展开要比正常的叶片慢，并且呈螺旋形下卷，叶片狭小，叶片几乎没有叶肉，仅有两层表皮和中肋，呈线形或带形。植株茎上部的节间缩短，形成枝叶丛生状，病株矮小短缩，像小老苗，而且结果少，且果实较小，严重影响产量。

以上两种病毒病造成辣椒减产明显，但对于辣素型工业辣椒，由于仅需要其辣度，所以在病椒转色变红后，还有一定的产量。

生长点坏死型病毒病的表现是植株顶端幼嫩部分变褐坏死，并从顶端开始，逐渐向下出现落花、落果、落叶。如果发生较早，则会造成辣椒在转色成熟前全部掉落的毁灭性损失。

黄化型病毒病和条斑型病毒病在辣素型工业辣椒种植过程中也偶尔能见到。其中，黄化型病毒病从嫩尖嫩叶开始变黄，这种情况主要是受到辣椒基地上一茬种植时使用的除草剂残留的影响。经过水肥调整后，可以逐步恢复，不属于真正的黄化型病毒病。条斑病毒病使叶片主脉出现褐色坏死，逐渐扩展到侧脉，同时叶片上也出现小斑点，前期表现类似于细菌性斑点病，但很快就转变为生长点坏死型的病毒病。

为了避免出现太阳暴晒及降低植株顶部的温度，在面东和面南的地块的垄两侧种植玉米。当玉米长起来后，除了其秸秆能作为拉线的桩，玉米植株还能为辣椒遮挡阳光，避免暴晒、高温和空气干燥，能有效降低病毒病的发病概率。

对于发病初期的病株，可以剪除顶端发病枝叶，如果发病较为严重，则须拔除病株，然后应立即施药。由于病毒，尤其是烟草花叶病毒，容易通过接触传染，因此在农事操作上要注意，接触了病毒病的植株后，不能直接再接触健康植株。需要至少用肥皂或牛奶清洗手或农具后才能再次接触健康植株。

由于病毒进入到了植物体内的细胞里边，所以染病后无法杀死病毒，要杀死病毒，得先将细胞杀死。所以说，病毒病只能预防，不能治疗。

防治病毒病的思路是提前防治＋全程防治。在我们前面的分析中，每个阶段也都强调需要进行病毒病的防治。首先是培养壮苗，其次是给植株一个健康、合适的环境。这两方面都做到了，就能在一定程度上降低病毒病的发生概率。对于已经发病的植株，需要从以下几个方面来考虑降低病毒病的危害：①钝化病毒，②增强植株的抵抗力，③治病同时杀虫。

病毒钝化剂有烷醇·硫酸铜、琥铜·吗啉胍等，病毒抑制剂有吗胍·乙酸酮、宁南霉素、氯溴异氰尿酸、辛菌胺醋酸盐等。

植物增抗剂有香菇多糖、氨基寡糖素、低聚糖素、壳寡糖等。为了促进植物对药剂的吸收和运输，在套餐中还可以加入芸苔素或复硝酚钠。

在打药的同时，为了增强植物的抵抗力，还需要补充养分，尤其是锌。对于生长点坏死型的病毒病，应格外注重补充钙。

（七）青枯病

辣椒青枯病是由青枯假单胞杆菌引起的，属细菌性病害。

该病主要通过作物根部或茎部的伤口进入植株。病菌侵入作物后进入维管束，随着水流向上传导，通过增殖以及增殖产生的分泌物破坏细胞结构，导致导管堵塞，使水分不能进入茎叶而引起上部叶片萎蔫，但仍保持绿色。该病菌通过水分传播明显。

青枯病是一种典型的土传性病害。病菌在高温的条件下容易导致病害发生，连作、重茬地、缺钾肥、低洼地、地下水位高、酸性土壤及有地下害虫等情况也容易发病。该病多见于挂果期，遇到高温天气土温升高，导致根系受伤后发病。发病后，病株的下方同一垄的植株会逐渐被感染，出现一垄接一垄发病的现象。由于这一时期，辣椒还没有转色成熟，一旦发生青枯病，可能导致严重减产。

青枯病初期症状，仅表现为最幼嫩的叶片萎蔫，最初萎蔫尚可恢复，以后趋于稳定。条件合适时，$2 \sim 3$ 天即可表现为全株萎蔫。叶片从下向上变黄退绿，后期叶片呈褐色焦枯。病茎初期导管呈黄色或淡褐色，以后逐渐变成深褐色，植株完全萎蔫时，髓部和皮层组织也变褐色，严重时茎的外表皮形成水渍状病斑或粗糙不平。横剖开茎，可见污白色至黄白色菌脓从维管组织中溢出。果实被侵染，表面正常，内部组织变为褐色，后期病果呈水渍状，果柄基部产生离层，病果易脱落。植株根部可表现为局部或整个根系均变为褐色，发病到植株死亡时间短。

青枯病以预防为主，一旦发现出现病情，使用农药的防治效果不理想，原因是青枯病菌破坏了导管的结构，施药后农药很难通过导管随水到达病菌处。因此，发现病害后，对病株应立即采取用内吸性的农药灌根处理，或者拔除病株，再用石灰水对种植穴及周边进行消毒，同时要对病株附近的几株辣椒进行同样的处理，以切断病菌传染途径。尽量避免浇水，以防病菌随水流向下游传播。

防治青枯病的农药主要是针对细菌的：①噻菌铜、喹啉铜、琥胶肥酸铜、络氨铜、氢氧化铜、氧化亚铜、氧氯化铜等铜制剂；②春雷霉素、中生菌素、乙蒜素、多抗霉素等抗生素类；③广谱的氯溴异氰尿酸。

其他辣椒种植过程中常见的病害，如灰霉病、锈病、白粉病等，在辣素型工业辣椒种植过程中则不常见。

（八）沤根

沤根不是一种侵染性病害，而是由寡照、低温、土壤黏重、湿度过高造成根际氧气缺乏及不合理的农事操作等因素造成的。具体表现是根部外面发黑，内部没有坏死，根皮与内部还紧密连在一起，不易剥离。沤根和根腐病类似，但不具有传染性，多出现在雨季多雨时段，可能会出现大面积连片发作。如果不及时采取措施，沤根就会发展为根腐病。

沤根发生后应停止用水，加强通风透光。通过中耕加强土壤的通透性，同时补充养分和调节剂（如胺鲜酯或芸苔素等），以促进植株快速恢复生长。还可以用恶霉灵灌根，以防止发展为根腐病。

（九）肥害

肥害是不合理施肥引起的作物机体受损、生长受阻的现象。包括施肥量过大、施用未充分腐熟的农家肥、施干肥或长期大量施用某种肥料等，都会导致作物营养失衡、肥料中某种或几种含量超过作物忍受能力，出现灼叶、落叶、烂根，叶子出现白色斑点，尾端呈烧焦状；根系发育不良，对水、肥吸收功能下降；土壤溶液浓度过大，植物发生反渗透现象，产生生理萎蔫、根系烧灼、叶缘枯焦；产生有毒气体危害，如熏伤植物叶片。轻者造成减产，重者植株死亡。

在辣素型工业辣椒种植过程中，由于不合理地使用肥料造成的肥害常常导致辣椒出现花叶型病毒病或蕨叶型病毒病。从现场看，整块基地全部表现为病毒病，没有明显的传播中心和传播途径。肥害会造成辣椒植株生长缓慢，果实无法膨大，严重影响产量。

在日常农事操作过程中，由以下几种情况造成的肥害很常见：①使用含氯的肥料，辣椒是忌氯植物（对氯元素敏感），氯对辣椒的根系有明显影响，施用后，容易造成肥害。②含缩二脲的肥料，由于缩二脲对植物的根系有伤害，有些小厂生产的肥料中缩二脲含量过高，就会造成肥害。但大厂的肥料中缩二脲的含量相对较低，使用后并不会造成肥害。这也是用尿素（含缩二脲）可能会造成肥害，但有些地方却可以用尿素来对辣素型工业辣椒进行提苗的原因。③底肥中使用了较多的复合肥，这些肥与辣椒根系直接接触，造成肥害。④底肥中用的农家肥没有充分腐熟，在辣椒生长过程中，农家肥二次发酵，产生高温，造成肥害。⑤追肥使用干施复合肥，一方面施到植株边上直接伤害了植株的茎秆；另一方面，集中施肥后，当复合肥接触水软化溶解，再遇上雨水就会形成浓度很高的肥水，进入土壤中接触根系，造成肥害。

肥害发生后，如果有条件，可以及时清除土壤中的肥料，换土让植物恢复生长。无法清除的情况下，可以通过浇水稀释肥料浓度，同时可以喷施芸苔素或复硝酚钠等调节剂及促生根的海藻酸或矿源黄腐酸钾等，促进作物恢复正常运转。

肥害发生后，影响很严重，能够采取的措施不多且操作相对复杂。因此，一定要科学用肥，尽量从源头上避免肥害的发生。

（十）药害

药害是指不合理用药，使作物生长不正常或出现生理障碍。药害有急性和慢性两种。前者在喷药后几小时至3～4天出现明显症状，如烧伤、凋萎、落叶、落花、落果；后者是在喷药后经过较长时间才发生明显反应，如生长不良、叶片畸形、晚熟等。常见的症状是叶面出现大小、形状不等，五颜六色的斑点，局部组织焦枯，穿孔或叶片脱落，或叶片黄化、褪绿或变厚。

发生药害的原因：①误用了不对症的农药；②施用农药浓度过高或者连续重复施药；③在高温或高湿条件下施药；④施用了劣质农药；⑤土壤施药不够均匀；⑥连阴天喷施农药。

辣素型工业辣椒种植过程中的药害也会导致病毒病出现。从现场看，整块基地全部表现为病毒病，没有明显的传播中心和传播途径。

对于除草剂的影响，主要有前茬除草剂残留导致的辣素型工业辣椒前期出现顶部嫩尖嫩叶发黄，类似于黄化型病毒病。另外，当季使用除草剂喷雾时雾滴飘逸到辣椒叶片上，导致叶片的维管束和叶绿体被破坏，出现类似病毒病的花叶和蕨叶。但这种变化不仅出现在顶部的嫩叶上，也出现在中部和下部的功能叶上；而且，大多发生在植株的一侧，可以此区分药害和病毒病。

发现不对症的农药的药害后，趁药液尚未完全渗透或被吸收，迅速用大量清水喷洒叶片，反复冲洗。尽量把植株表面的药液冲刷掉，并配合中耕松土，促进根系发育，使植株迅速恢复正常生长。也可在喷洒清水中加适量小苏打溶液或石灰水，进行淋洗或冲刷。

在浇水的同时，可追施速效肥料，也可叶面喷施尿素或磷酸二氢钾溶液，以促使植株生长，提高自身抵抗药害的能力。

对于已经明显产生药害的器官，应及时摘除辣椒受害的果实、枝条、叶片，防止植株体内的药剂继续传导和渗透。

若喷施三唑类药剂产生药害，或喷激素类药物中毒后，要以细胞分裂素或赤霉酸作为解毒剂。还可使用芸苔素，效果也比较理想。

辣素型工业辣椒常见虫害及防治

（一）蚜虫

辣素型工业辣椒种植的前期一般为旱季，随着气温升高，蚜虫容易爆发。如果周围有其他小春作物或杂草，在春季已经老化，蚜虫需要新的、嫩的枝叶。当辣椒种植下去后，新长出来的嫩叶更容易吸引蚜虫。

要在空气干旱的时段防治蚜虫，一旦进入雨季，就不容易发生蚜虫大爆发了。在有条件的区域可以通过喷水增加空气湿度来降低蚜虫数量。其他区域可以在底肥中加入新烟碱类杀虫剂，内吸后传导到新叶，可以防止蚜虫飞迁到辣椒上。这样处理的抗蚜虫药药效能够长达50天，基本能够确保进入雨季前不爆发蚜虫。后期如果发现有蚜虫出现，再喷药。

其他的小虫，如白粉虱、蓟马、茶黄螨、蚧壳虫等在辣素型工业辣椒上危害则不大。

防治小虫的药主要有：①新烟碱类的吡虫啉、噻虫嗪、噻虫胺、啶虫脒、呋虫胺、烯啶虫胺、噻虫啉、环氧虫啶等；②菊酯类的溴氰菊酯、高效氯氟氰菊酯等；③生物农药的藜芦碱、苦参碱；④酰胺类的氟啶虫酰胺、溴氰虫酰胺等，以及氟啶虫胺腈、螺虫乙酯、抗蚜威和吡蚜酮等。

（二）鳞翅目害虫

鳞翅目害虫是以"毛毛虫"为幼虫的一大类，这类害虫主要在辣椒开始挂果时产生危害，从刚开始挂果，幼虫就会咬开一个口进入到辣椒内部，并在辣椒内随着辣椒长大而长大。因为虫子在辣椒内部，打药的效果不明显。对于这种虫，因为它也会取食叶片，所以可以通过观察叶片被啃食的情况来找到虫子。如果观察到基地上空有蝴蝶或蛾纷飞，就说明几天内即将有一批幼虫孵出来，可以注意防治。常见的这类虫子有斜纹夜蛾、菜粉蝶、烟青虫和菜青虫，近年来草地贪夜蛾也开始危害辣椒。

对于地下害虫（地老虎等），一般的危害时间是苗期，因为这类虫子白天都在土壤内躲藏，所以观察到叶片被啃食后，要扒开表层土找到害虫。

由于这类大虫一开始数量不会很多，如果勤观察、及时处理，人工就可以解决掉虫害。如果已经繁殖了一代以上，就需要施用农药。

防治鳞翅目害虫的农药有：①酰胺类农药，主要包括氯虫苯甲酰胺、氟虫双酰胺、四氯虫酰胺；②大环内酯类，主要包括甲维盐、阿维菌素；③苯基吡唑类，虫螨腈；④昆虫生长调节剂，主要包括除虫脲、氟铃脲、虱螨脲、甲氧虫酰肼；⑤微生物制剂，如苏云金杆菌及一些专性病毒。

十四

常见的肥料

植株发生病害，往往是因为营养不均衡甚至是缺素，因此，在种植辣素型工业辣椒的过程中，要优先考虑辣椒营养的均衡供给。合理使用肥料，就能培养出抗病性强的植株。肥料使用不当，则可能导致辣椒产生缺素症或肥害，进而导致病害发生，影响辣椒的长势及最终产量。因此，了解肥料的基础知识很有必要。

（一）复合肥

复合肥就是我们所说的化肥，是指含有大量元素氮、磷、钾中两种或三种的肥料。复合肥具有养分含量高、副成分少且物理性状好等优点，对于均衡施肥、提高肥料利用率、促进作物高产稳产有着十分重要的作用。农业增产约有一半是化肥的功劳。

辣素型工业辣椒的产量主要靠复合肥保障，产出 1 吨鲜辣椒需要投入的 N（氮）、P_2O_5（五氧化二磷）、K_2O（氧化钾）分别为 5 公斤、1 公斤和 6 公斤。以 15∶15∶15 的复合肥的氮来计算，则 100 公斤的复合肥，理论上可以产出 3 吨鲜辣椒，而实际生产中氮的当季利用率仅为 50% 左右，因此，可以产出 1.5 吨鲜椒。所以，产出 1 吨的鲜辣椒，需要 67 公斤 15∶15∶15 的复合肥。

复合肥中，不能选用氯含量大于 3% 的复合肥，因为辣椒属于忌氯作物，施用后产生肥害，最终可能颗粒无收。同样，含有缩二脲的肥料也尽量避免使用，但目前品牌厂商的缩二脲含量控制得比较好，使用后不会造成明显影响。

由于辣素型工业辣椒前期生长慢，需要的养分数量较少，如果底肥就大量使用复合肥，会造成明显浪费，建议底肥中少用复合肥或不用复合肥。在苗期，如果感觉苗长势弱，可以每 20 天左右施一次提苗的复合肥，数量不宜超过 3 公斤，加水后浇施。提苗肥施用太多不利于植株生根。养分的需求从挂果期开始明显增大，这个阶段就需要大量的肥料，可以从挂果后一周开始，每 10～15 天施一次复合肥，数量 5～10 公斤，加水后浇施，直到 10 月中下旬。这个阶段的施肥是为了使所有的辣椒都能膨大，是高产的保证。

复合肥建议选用平衡型的，尤其是 15：15：15 的复合肥性价比最高。因为，辣素型工业辣椒采摘周期很长，平衡型的复合肥能保证辣椒植株持续生长。辣椒持续膨大，但又不会使辣椒植株过早封顶或早衰。种烤烟的地区如果有条件，也可以选用烤烟专用肥。

（二）有机肥

这里，我们只分析种植辣素型工业辣椒常用到的有机肥，包括农家肥和商品有机肥。有机肥的作用是多方面的，除了能够全面提供植物生长所需的养分外，更多的是通过改善土壤结构，提升植物的生长环境来促进植物生长，包括：①改善土壤团粒结构等物理性质；②双向调节土壤 pH 值，稳定土壤化学性质；③吸附多余养分，提高肥料利用率；④保持水分，提高抗旱能力；⑤促进土壤微生物生长，增强作物的抗病性、抗逆性，刺激作物生长等。

农家肥在农村产生量大，获取方便、成本低。但农家肥不能直接使用，需要进行腐熟发酵，而且农家肥具有养分不稳定、养分构成不合理的缺点。商品有机肥经过工厂的无害化处理，使用时较为安全，缺点是价格略高。

对于农家肥，目前主要使用的主要有几种粪肥：①牛粪。由于牛是反刍动物，食物在体内经过反复发酵、消化吸收，排出的牛粪养分含量略低，但在施入土壤内再次发酵不明显，不会造成烧苗的情况。牛粪属于冷性肥，适合在气温略高的区域使用。②羊粪。养分含量较高，属于温性肥料，在冷凉区域使用，能够适当提高地温，但又不容易造成烧苗。③其他粪肥。由于近几年来大量集中养殖，使用的抗生素和激素多，鸡粪和猪粪用于辣素型工业辣椒会产生较多的负面影响。马粪是热性肥，施入土壤中后再次发酵明显，引起地温升温很明显，但容易造成烧苗。

农家肥在腐熟的过程中，由于条件限制或技术水平的原因，存在腐熟时间不够长或温度不够高等问题，施用后会导致病害、养分供应不及时等负面作用。

商品有机肥由于经过标准化的工业加工过程，具有肥效稳定，养分配比合理，使用安全等优点，有条件的地方应优先选用，每亩使用量不低于100公斤，建议沟施或穴施，以提升其综合功能。

由于有机肥具有多方面的功能，在种植辣素型工业辣椒过程中，建议多用有机肥，以确保在当季辣椒产量的基础上，提高土壤的养分和结构，避免土壤退化，使土地越种越好种。

有机肥需要通过微生物分解才能被作物吸收，因此，建议施用有机肥的同时，配合菌肥。

（三）微生物菌肥

从农业种植的角度来看，菌可以分为有益菌、有害菌和中性菌。大部分菌是中性菌，有害菌就是病菌，只占一小部分，有益菌就是我们说的菌肥，也只有几十种。菌肥是以具有特殊功能的菌的生命活动，帮助作物得到所需养分（肥料）的一种新型生物制品。最常见的有枯草芽孢杆菌、地衣芽孢杆菌、巨大芽孢杆菌、胶冻样芽孢杆菌、侧孢芽孢杆菌、解淀粉芽孢杆菌以及哈茨木霉菌等。芽孢杆菌类属于细菌，木霉菌属于真菌。

菌肥的主要功能：①通过分解有机物提供养分，并且菌肥自身的代谢产物中的植物内源酶，能有效提高养分的利用率，促进作物快速生长；②通过代谢产生植物生长调节剂，调节植物生命活动，增加产量；③活化土壤中被固定的养分，促进养分供给，有利于土壤活化、熟化；④分解有机质和毒素，防止重茬；⑤改善土壤微生物环境，保护植物根际环境，促进根系发育，进而提升吸收能力；⑥增强作物的抗逆性。

菌种建议选择复合型的，不同的菌相互促进、相互补充、相互协同，效果明显优于单一的菌种。但是，由于枯草芽孢杆菌生长对环境的要求很低，在别的菌种还无法正常生存的条件下就能大量繁殖，消耗掉大量的营养，并占据了大量的生存空间，使别的菌很难同时发展起来。因此，使用枯草芽孢杆菌时，不建议搭配其他菌种。

在选择菌肥时，没有必要一味追求高的菌含量，主要是要提供适宜菌生活的条件，包括充足而均衡的养分（有机质）、适中的水分含量、合适的温度及必需的氧气。在理想的条件下，微生物菌每 20～30 分钟就能分裂一次。按指数增长，含菌量 0.2 亿活菌 / 克的菌肥，经过 5 小时的分裂生长，理论上含菌量已经超过 200 亿活菌 / 克。

使用菌肥的时候，如果还需要同时使用农药，需要慎重选择。①本身使用的菌肥中，有部分菌具有防治病害的功能。如果提前使用菌肥，在很多情况下，可以不再需要使用农药。②如果确实需要使用农药来防治病害，可以在前期先使用化学农药，等药效过后才使用菌肥。③由于菌肥中的芽孢杆菌类是细菌，因此，使用芽孢杆菌类的菌肥后，仍然可以使用仅对真菌有防治效果的农药。如果使用哈茨木霉菌这样的真菌性菌肥后，若非必要就不应再使用其他农药了。

另外，如果菌肥和高浓度的复合肥或干肥直接接触，也会造成微生物菌失水死亡。低浓度的肥料与菌肥混合后，菌会快速地吸收养分为自身生长和分裂所用，可能会造成暂时性缺肥现象。但菌死亡后，又把养分归还环境，供植物所用。

总之，菌肥是人们对农作物的品质要求越来越高后农业发展的一个重要的措施。

注意：①菌肥施用要避免太阳直射，因为紫外线会杀死活菌，导致菌肥失效。②菌肥自身没有养分，只起到养分的转化和供给作用，因此不能单独作为肥料使用，必须与其他肥料配合使用，尤其需要与有机肥配合。

几种肥料与植物的相互关系如图4所示。

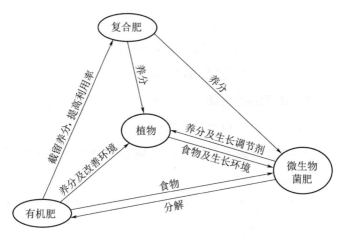

图 4 几种主要肥料与植物的相互关系图

（四）水溶肥

水溶肥是可以完全溶于水的多元复合肥料，能迅速地溶解于水中，更容易被作物吸收，而且其吸收利用率相对较高。水溶肥有很多种，但这里只分析大量元素水溶肥。

1. 水溶肥的主要原料

水溶肥能够迅速溶解于水，这个特性与其生产过程中使用的原料有关（所有的原料都是能全水溶的），水溶肥一般使用以下原料：

氮的来源有尿素、硝酸铵、硝酸钾、硝酸钙、硫酸铵等；

磷的来源有磷酸二氢钾、磷酸一铵、磷酸二铵；

钾的来源有氯化钾、硫酸钾、磷酸二氢钾、硝酸钾等。

2. 如何配出水溶肥

1）20：20：20 的水溶肥：

① 40 公斤硝酸钾 +30 公斤磷酸一铵 +24 公斤尿素 +5 公斤磷酸二氢钾；

② 12 公斤尿素 +8 公斤磷酸二氢钾 +8 公斤磷酸二铵 +12 公斤硝酸钾；

③ 16 公斤尿素 +16 公斤磷酸二氢钾 +8 公斤硝酸钾；

④ 6 公斤尿素 +17 公斤磷酸二铵 +17 公斤硝酸钾；

⑤ 10 公斤尿素 +15 公斤磷酸二铵 +15 公斤硫酸钾；

⑥ 9 公斤尿素 +3 公斤硫酸钾 +8 公斤磷酸二氢钾。

2）18：18：18 的水溶肥：

6 公斤尿素 +10 公斤磷酸二铵 +9 公斤硫酸钾。

辣素型工业辣椒的优势是下游收购市场大、价格相对稳定，但其单产产值不算高，不属于高经济价值的作物。且种植基地多在地势较高的坡地或台地上，大多不具备水肥一体化的条件。因此，在使用肥料时，不建议大量使用市场价格相对较高的水溶肥。有条件自己动手配制的，可以参考以上配方自行配制。自行配制，不需要非常严格地配制出完全与数字相符的含量，略微上下浮动不影响肥效的发挥。如果有条件，可以对颗粒状的原料肥进行研磨、粉碎，这样可以加快肥料的溶解速度。但以上的原料肥也都是全水溶的，只是颗粒状的肥料溶解速度略慢一些。

（五）中微量元素肥

植物生长过程中会从环境中吸收几十种元素，其中必需的营养元素有16种，包括碳、氢、氧、氮、磷、钾、钙、镁、硫、铜、铁、锰、锌、硼、钼、氯。其中碳、氢、氧元素在种植辣素型工业辣椒的过程中不需要人为补充，植物能从环境中吸收。氮、磷、钾是由复合肥及水溶肥提供的。硫和氯在复合肥中的含量或环境中的存量也足够作物生长利用。铁和锰在多数的土壤中含量也较高，也不用专门补充。其余的元素就是在种植过程中需要补充的中微量元素，包括中量元素钙、镁和微量元素铜、锌、硼、钼。这些元素虽然植物吸收的量相对较少，但均能起到其他肥料无法替代的作用。任何一种必需元素的缺失，都会导致植株抵抗力下降，容易染病。辣素型工业辣椒生长后期，植株高大，运输距离远，出现缺素的情况较多，尤其是移动困难的钙，更容易缺乏。可以通过施用中微量元素肥来补充中微量元素。中微量元素肥的成分至少有钙、镁、硼、锌。辣素型工业辣椒生长过程中，需要在开花时补充一次中微量元素肥，以达到促花促果及增强植株抗性的作用。到8月中旬，如果植株开花挂果量下降，可以再补充一次，建议用量为5公斤/亩。

辣素型工业辣椒种植过程中，尤其需要注意锌的补充，缺锌更容易使辣素型工业辣椒发生病毒病。补锌一方面可用锌肥；另一方面，广谱的预防类农药代森锰锌、代森联中也含有锌，可以优先选用。

十五

农药用药常识

农药是指农业上用于防治病虫害及调节植物生长的药剂，能为作物的高产量和高质量保驾护航。即便是在鼓励综合防治的种植技术体系中，使用农药也是必不可少的。使用农药的过程中，需要注意以下几个方面：

（1）用药前要了解基地的用药历史。我国从20世纪70年代开始大量使用，目前农药已经使用了50多年。很多农药由于作用点位单一，很容易让病菌或害虫产生抗药性。因此，在用药前需要了解之前该区域使用农药的种类，施用时避开之前大量使用的种类。

（2）对同种类的农药（根据农药有效成分的名称可初步判断，比如"唑""威""酰胺""酯""铜""菊酯""霜"等），不应连续使用，以避免针对的有害生物产生抗药性。

（3）最好是两种不同种类但作用类似的农药配合使用，如果有复配好的农药，则优先选择复配的农药，因为农药厂家已经通过多次试验，确定了复配具有相互增效的作用。含无机铜的农药需单独施用，有机铜农药则不受这个限制。

（4）不要妖魔化植物生长调节剂。植物生长调节剂是根据植物内源激素的结构和功能而人工合成的物质，在农业上使用，具有与植物内源激素相同的作用。从植物的细胞生长、分裂，到生根、发芽、开花、结实、成熟和脱落，每一个环节都有植物内源激素在产生作用。人为添加的植物生长调节剂能够提升作物的产量和质量，且基本不会对人体健康造成不利影响。尤其是芸苔素、复硝酚钠和胺鲜酯，在使用中能够促进养分吸收，增强药效，并提升作物的抗性，在施肥和打药时可根据实际情况复配进去。

在种植辣素型工业辣椒的过程中可以使用的植物生长调节剂比较多，但考虑到这个品种无限生长，辣椒采摘周期长，为了避免辣椒植株出现早衰现象，前期不建议使用，到了采摘后期，为了促进辣椒果实在低温下能进一步膨大、转色，可以考虑使用复硝酚钠＋胺鲜酯，具体根据产品说明书使用。

对于辣素型工业辣椒病虫害的识别，尤其是病害的识别，由于其与别的辣椒品种表现不完全一样，在种植过程中，没有必要将每种病害和害虫都了解清楚，但至少对害虫应该分清大虫和小虫，对病害分清低等真菌、高等真菌、细菌、病毒以及非侵染性病害。在使用农药的过程中，可以参考以下的配药原则：

在使用农药的同时，还需同时考虑增强植株的吸收能力以及植株的抵抗力，同时还要植株快速恢复增长，因此就有了目前农资商常用的套装。具体有：

（1）有虫时的预防：杀虫剂＋杀菌剂＋调节剂＋肥；

（2）无虫时的预防：杀菌剂＋调节剂＋肥；

（3）杀虫：杀卵剂＋杀成虫剂＋广谱杀菌剂＋
　　　调节剂＋肥；

（4）病害防治：杀真菌剂＋杀细菌剂＋杀虫剂＋
　　　调节剂＋肥；

（5）防治病毒病：钝化病毒药剂＋杀虫＋调节剂＋

锌肥。

对于已经明显发生病害的情况（4）和（5），可以用防治病害的配方＋氯溴异氰尿酸，利用后者强大的氧化能力，快速地将病害控制住，但在使用前须注意农药的可混配性。

除了植物生长调节剂外，还可以用氨基寡糖素、壳寡糖、香菇多糖等在防治病毒病的配方中常用的药剂，这些都可以增强辣椒植株的抗病能力，并让其迅速恢复正常生长。

土壤基础知识

土壤是植物生长的根基，是农业生产的基础。在种植过程中，有必要了解一些与土壤有关的知识。

（一）红壤

红壤广泛分布在中国南部，在云南分布也很多，但目前种植辣素型工业辣椒的红壤区主要在临沧北部、保山东部、文山州的大部分地区、昆明北部和东部以及曲靖的大部分地区。这些区域的红壤多由石灰岩风化形成，多出现于坡地上，由于在气候较热的区域，土壤养分长期地受到淋失，地表的有机质层也被冲蚀掉，因此养分结构不合理，除了铁、铝和锰元素含量高以外，大多数的元素是缺乏的（包括氮元素）。红壤种出来的辣椒更辣，就与土壤中氮的含量偏低有关。在辣素型工业辣椒种植过程中，需要注意补充氮肥及中微量元素肥。

在种植区也能看到黄壤，这种壤与北方黄土高原的土壤不一样，结构及养分组成与当地红壤接近。由于长期处于水分含量较高的状态，部分氧化铁被还原，导致颜色发生变化。

（二）紫色土

紫色土是紫色砂岩或泥岩风化形成的，风化时间短，形成土壤较快。广泛分布于滇中高原，是大春种植辣素型工业辣椒的主要产区，从澜沧江以东到安宁，包括大理大部分地区、楚雄大部分地区、玉溪大部分地区、普洱北部和昆明西部。呈现出紫色与其中的铁和锰离子有关，这种土壤矿质养分含量丰富，尤其是磷和钾的含量较高，自然肥力较高，因此，非常适合种植辣椒，在这些区域种植的辣椒总体表现都比较好。该类土壤保水能力较差，因此，建议在该区域种植辣素型工业辣椒须多施有机肥，以增加土壤自身的保水能力。

（三）火山土

火山土是由火山喷发形成的火山石或火山灰经成土作

用而形成的。最典型的火山土分布在腾冲北部的几个乡镇，包括马站、固东、曲石、界头、明光、滇滩。这一区域的土壤都是喷出地表的火山石和火山灰形成的。在火山喷发过程中，经过了1000摄氏度的高温，喷出地表后又迅速冷却，大多数元素来不及结晶，所以这些养分都是自由的，没有被固定在晶格里，植物根系可以直接吸收。另外，在喷发到地表的过程中，火山石形成了非常多的孔隙，这些孔隙有利于吸附各种物质，包括阴离子、阳离子及有机质，所以这类土壤的有机质含量也较高。这类土壤种植绝大多数的作物效果都是非常好的，这也就是最近几年腾冲北部区域种植辣素型工业辣椒产量高的主要原因。

（四）水稻土

水稻土是在长期的耕作中，人为地反复淹水形成的土壤。这类土壤在云南分布不多，适合辣素型工业辣椒种植的区域主要在南部高温区。根据国家目前的政策，正季种植水稻，水稻收割后，对于海拔1000米以下的低海拔区域，可以立即翻地，晒一晒就可种植辣素型工业辣椒；对于海拔1000～1500米不下霜的区域，可以在春节前后气温开始回升时再种植，在下一茬需要种植水稻时结束。由于采用水旱轮作的种植模式，土壤内的病菌、地下害虫以及土壤中的养分都更适合辣素型工业辣椒的生长，病害相对较少，容易管理。

（五）高岭土

高岭土在辣素型工业辣椒种植区靠南部的临沧、普洱、文山等常能见到。颜色以白色为主，土质细腻，黏性较强。由火成岩和变质岩中的长石或其他硅酸盐矿物经风化作用形成高岭石，高岭石再经成土作用形成高岭土。高岭土自身的养分含量较少，主要是氧化铝和二氧化硅，但其具有从周围介质中吸附各种离子及杂质的性能，因此，能改善土壤结构并具有良好的透气性、保水性和保肥能力。在这类土壤中种植辣素型工业辣椒，需要注意全面补充养分。管理到位的情况下，也能获得比较好的效益。

（六）花岗岩风化土

这种土壤风化得很快，在耕地附近很容易看到花岗岩或其风化物，但其中的石英则相对难于风化，因此，形成的土壤含砂量较大，是一种酸性的土壤。在水热条件更好的地方，会演变为红壤。这样的土壤通透性好，保水保肥能力差，尤其是刚风化的土壤，在种植辣素型工业辣椒时，需要注意补充有机肥及其他的养分。

十七

写在最后

由于辣素型工业辣椒抗病性差，种植管理中需要的人工数量比较多，因此不适合进行专业的大规模的连片种植，仅适合单户分散种植，建议种植的面积以1个劳动力管理3亩为宜。